物理起步走

>>> 什么是光？ <<<

[英]凯·巴汉姆 文　[巴西]马塞洛·鲍道里 图　董丽楠 译

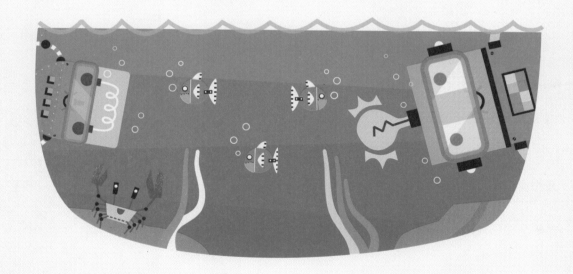

乐乐趣

陕西新华出版

陕西人民教育出版社
·西安·

著作权合同登记号：陕版出图字25-2023-294

FIRST STEPS IN SCIENCE WHAT IS LIGHT?
Text by Kay Barnham
Illustrations by Marcelo Badari
First published in Great Britain in 2023
by Wayland
Copyright © Hodder and Stoughton, 2023
All rights reserved

图书在版编目（CIP）数据

物理起步走. 5，什么是光？ / （英）凯·巴汉姆文 ；
（巴西）马塞洛·鲍道里图 ；董丽楠译. -- 西安：陕西
人民教育出版社，2024.6
书名原文：FIRST STEPS IN SCIENCE WHAT IS LIGHT?
ISBN 978-7-5450-9871-6

Ⅰ. ①物… Ⅱ. ①凯… ②马… ③董… Ⅲ. ①光学—
儿童读物 Ⅳ. ①O4-49

中国国家版本馆CIP数据核字（2024）第024248号

物理起步走 什么是光？ WULI QIBU ZOU SHENME SHI GUANG?

[英]凯·巴汉姆 文 [巴西]马塞洛·鲍道里 图 董丽楠 译

图书策划 麻雪梅 李耀红　　　**责任编辑** 张 锋
封面设计 时秦睿　　　　　　　**特约编辑** 李耀红
美术编辑 赵 猛
出版发行 陕西人民教育出版社
地址 西安市丈八五路58号（邮编710077）
印刷 上海中华印刷有限公司
开本 787 mm×1 092 mm 1/16 印张 2
字数 20 千字
版印次 2024 年 6 月第 1 版 2024 年 6 月第 1 次印刷
书号 ISBN 978-7-5450-9871-6
定价 118.00 元 （共6册）

出品策划 荣信教育文化产业发展股份有限公司
网址 www.lelequ.com 电话 400-848-8788
乐乐趣品牌归荣信教育文化产业发展股份有限公司独家拥有
版权所有　翻印必究

什么是光?

一起去探索五彩斑斓的光的世界吧！佛雷斯和阿斯特加入了超级科学社团，正准备去阳光灿烂的海边玩！跟随他们，看看你能发现光的哪些神奇特点。准备出发，未来的超级科学家们！

阿斯特

佛雷斯

超级科学社团的生活非常有趣，每周
超级科学社团的社长斯帕克都会教佛雷斯
和阿斯特做一些神奇而有趣的事情。

第一周，他们做了一个超酷而且还能
弯曲的头灯。

第二周，他们又学会
了抛光火箭，让火箭闪闪
发光。

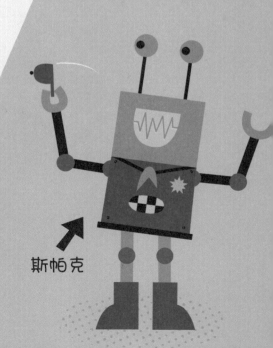

斯帕克

4

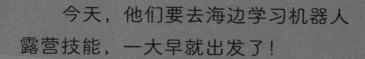

今天，他们要去海边学习机器人
露营技能，一大早就出发了！

太阳

太阳是地球上最大的自然光源。

清晨的阳光洒在海面上，闪闪发光。今天是露营的好日子，超级科学社团的社员搭起了帐篷。

到处都是光啊！

光到底是什么呢？

6

光是一种能量，可见光是一种人类肉眼可以看见的光。

千万不要直视太阳，否则你的眼睛会被灼伤。

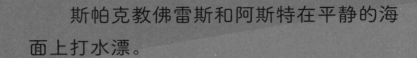

斯帕克教佛雷斯和阿斯特在平静的海面上打水漂。

嗖！

波纹

噗！

光以波的形式传播，光波传播的方式有点儿像水中的涟漪，但是光波要快很多很多。

事实上，光的传播速度大约是世界上最快的飞机的150 000倍！

嗖！

噗！

嗖！

哇哦！

初升的太阳暖洋洋地照着沙滩上蹦蹦跳跳的机器人。

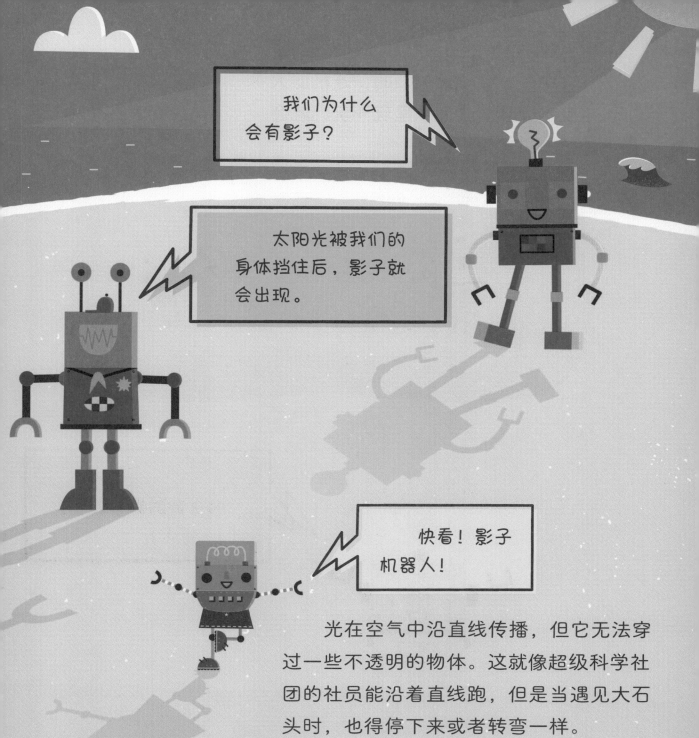

我们为什么
会有影子？

太阳光被我们的
身体挡住后，影子就
会出现。

快看！影子
机器人！

光在空气中沿直线传播，但它无法穿过一些不透明的物体。这就像超级科学社团的社员能沿着直线跑，但是当遇见大石头时，也得停下来或者转弯一样。

中午，太阳热烘烘的，连机器人也受不了了。去海水里玩一玩，就会凉快一点儿。

啊？我的腿怎么了？

光从空气中射入水中时，传播方向会发生弯折，这种现象就是光的折射。光从一种介质射入另一种介质时，都会发生折射。

你看起来怎么在摇晃？

真的哟！佛雷斯的腿在水里变弯了。

突然间，下雨了。机器人们，快跑，到大阳伞下避避雨吧！

不过别担心，太阳还在天上照耀着呢。快看，有彩虹！

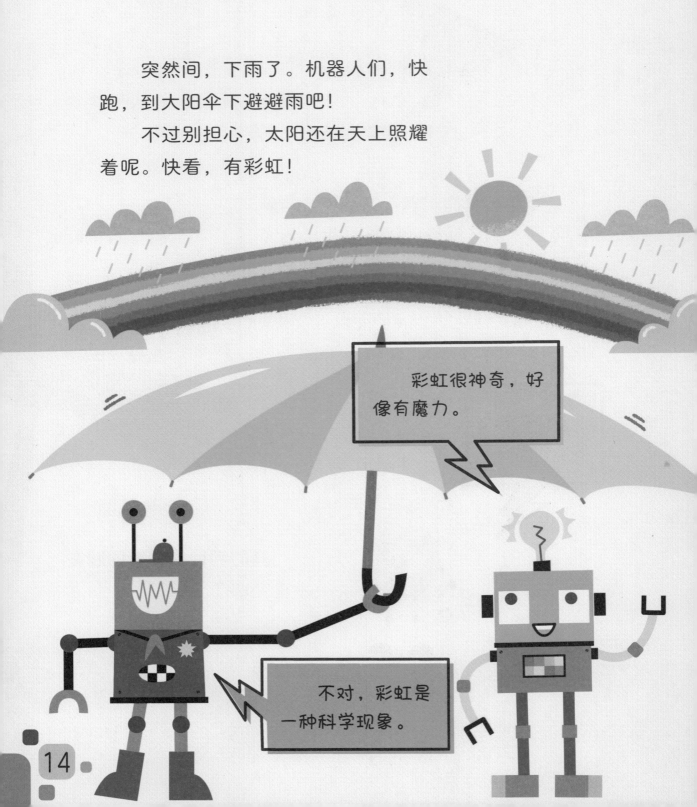

太阳光照射到空中的水滴时，会经
过折射和反射，形成不同颜色的光。
这时，彩虹就出现了。

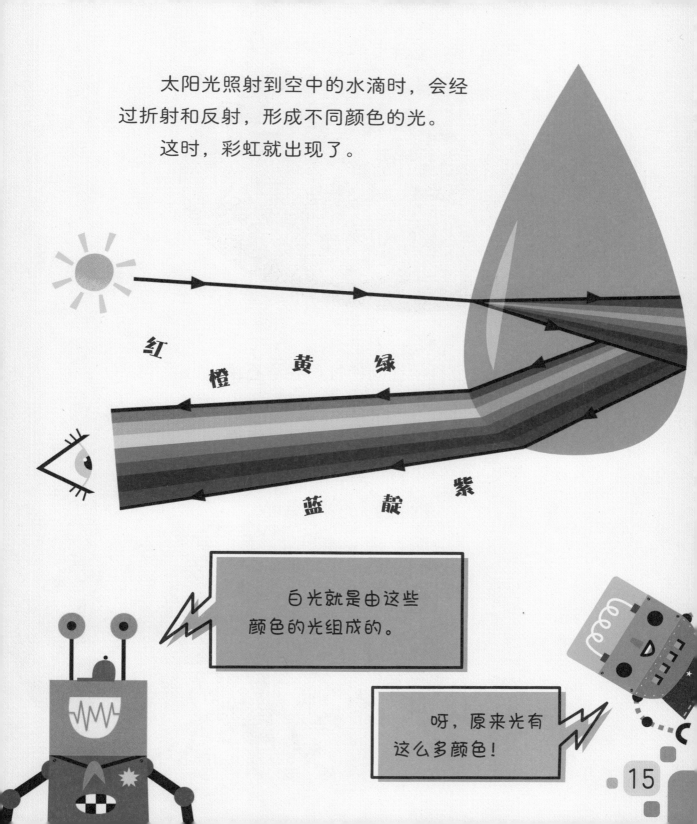

红

橙　黄　绿

蓝　靛　紫

白光就是由这些
颜色的光组成的。

呀，原来光有
这么多颜色！

　　雨后，超级科学社团的社员在岩石旁的小水潭里发现了一些海洋生物。

　　傍晚，大家一起在海边看日落。海面反射着太阳光，看上去波光粼粼的。

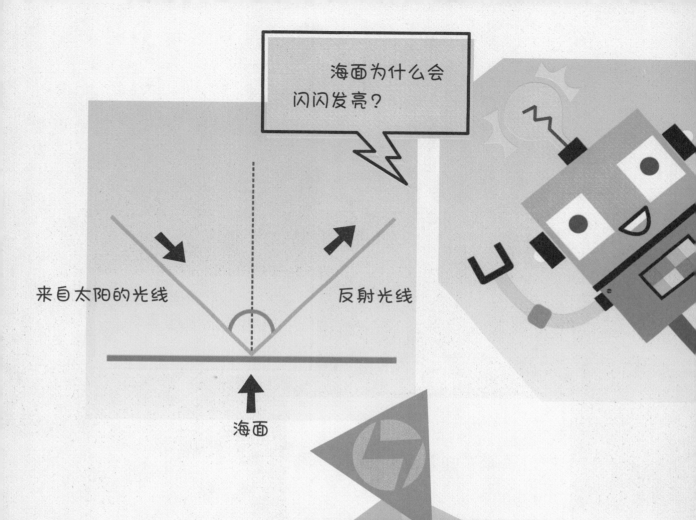

光照射到一些物体的表面时，会发生反射，这意味着光又回到原来的介质里了。

太阳下山后，天渐渐暗了下来，海滩上变得黑漆漆的。

黑暗是怎么回事？

黑暗意味着没有光了。

咔嗒！

佛雷斯和阿斯特打开了他们的手电筒，这样好多了。

有了手电筒的光，超级科学社团的社员又能看见了。

手电筒发出的光是人造光。

19

慢慢地，月亮升起来了。月光下的大海、营地和机器人看起来好像都在发光。

太阳光

太阳

地球

反射光

太阳光

月球

月球不像太阳、其他恒星那样能自己发光，它只会反射来自太阳的光。如果没有太阳，月球也就没有光。

烘烘！

来，我们烤热狗吃。

没有温暖的太阳光，天都变冷了。

斯帕克向佛雷斯和阿斯特展示，如何以超快的速度旋转木棍来点火！

真好吃！

超级机器人围着篝火
开始跳舞了。

火不仅能产生光
能，还能产生热能。

惊喜来了！

附近的村镇正在举行烟火表演，烟火绽放的砰砰声吸引着人们，烟火实在太漂亮了。

有人看灯光秀吗？

我！我！

25

夜深了，该睡觉了。

星星和萤火虫还在黑暗中闪烁着。

生物发光是指生物体内的化学物质会发出光的现象。

即使在晚上，海边也会有光线。

超级科学社团的社员期待着明天的海边活动。大家相信，太阳再次升起时，又将是明媚的一天！

活动时间！

自然光是自然界中天然存在的光，比如太阳光。

人造光是由人类制造的设备或仪器发出的光，比如手电筒发出的光。

我们来区分一下这两种不同类型的光。

自然光还是人造光？

你能

判断出来吗？

太阳

灯泡

可弯曲头灯

萤火虫

星星

车灯

鮟鱇（ān kāng）

闪电

答案在第32页。

词汇表

反射：光照射到一些物体的表面时，返回到原来的介质中的现象。

人造光：人类制造的设备或仪器发出的光。

生物发光：萤火虫、鮟鱇等生物自身会发光的现象。

折射：光从一种介质射入另一种介质时，传播方向发生弯折的现象。

自然光：自然界中天然存在的光，与人造光相对应。

教师和家长指南

这本书会帮助孩子了解光（物理学的基础概念之一）的相关知识，并由此开始，认识世界并了解世界运行的方式。

可见光是电磁波谱中人眼可以看到的部分。光源有天然的，也有人工的。光会发生反射和折射。光的传播速度非常快。

通过本书，孩子会发现生活中光无处不在，并积极探索，发现更多与光有关的知识或例子。

更多信息

以下网站可以帮助你了解更多有关光等的科学知识，请继续探索吧！

长春中国光学科学技术馆 www.ccostm.com/index.shtml

科学传播-中国科学院物理研究所 www.iop.cas.cn/kxcb/

格拉斯哥科学中心 www.glasgowsciencecentre.org/

你还可以自行探索，比如做一个皮影木偶，然后戴上头灯，自己表演节目，或者去看烟火表演。

索 引

第28—29页的答案

太阳：自然光

灯泡：人造光

可弯曲头灯：人造光

萤火虫：自然光

星星：自然光

车灯：人造光

鮟鱇：自然光

闪电：自然光

物理起步走

>>> 什么是力？ <<<

[英]凯·巴汉姆 文　[巴西]马塞洛·鲍道里 图　董丽楠 译

乐乐趣

陕西新华出版
陕西人民教育出版社
·西安·

著作权合同登记号：陕版出图字25-2023-290

FIRST STEPS IN SCIENCE WHAT'S A FORCE?
Text by Kay Barnham
Illustrations by Marcelo Badari
First published in Great Britain in 2023
by Wayland
Copyright © Hodder and Stoughton, 2023
All rights reserved

图书在版编目（CIP）数据

物理起步走. 4，什么是力？ / （英）凯·巴汉姆文；
（巴西）马塞洛·鲍道里图；董丽楠译. -- 西安：陕西
人民教育出版社，2024.6
书名原文：FIRST STEPS IN SCIENCE WHAT'S A
FORCE?
ISBN 978-7-5450-9871-6

Ⅰ. ①物… Ⅱ. ①凯… ②马… ③董… Ⅲ. ①力学—
儿童读物 Ⅳ. ①O4-49

中国国家版本馆CIP数据核字（2024）第024244号

物理起步走 什么是力？ WULI QIBU ZOU SHENME SHI LI?

[英]凯·巴汉姆 文　[巴西]马塞洛·鲍道里 图　董丽楠 译

图书策划 麻雪梅　李耀红　　**责任编辑** 张　锋
封面设计 时秦睿　　　　　　**特约编辑** 李耀红
美术编辑 赵　猛
出版发行 陕西人民教育出版社
地址 西安市丈八五路58号（邮编 710077）
印刷 上海中华印刷有限公司
开本 787 mm×1 092 mm 1/16　**印张** 2
字数 20千字
版印次 2024 年 6 月第 1 版　2024 年 6 月第 1 次印刷
书号 ISBN 978-7-5450-9871-6
定价 118.00 元（共6册）

出品策划 荣信教育文化产业发展股份有限公司
网址 www.lelequ.com **电话** 400-848-8788
乐乐趣品牌归荣信教育文化产业发展股份有限公司独家拥有
版权所有　翻印必究

什么是力？

一起来探索推动世界运转的力吧！阿斯特和哥哥瑞伯正准备在大雪天出门，开启令人兴奋的一天。跟随他们，看看会发生哪些有趣的事情，能学习到哪些和力有关的知识。准备出发，未来的超级科学家们！

瑞伯

阿斯特

阿斯特和瑞伯都是超级机器人，他们喜欢穿着旱冰鞋或骑着自行车以超级机器人的速度在路上呼啸而过。当然，他们也喜欢坐公共汽车去学校。

嗖嗖……

嗖嗖……

但是明天他们不用去学校了，因为天气预报说今晚要下大雪。哈哈，明天会是一个有趣的雪天。

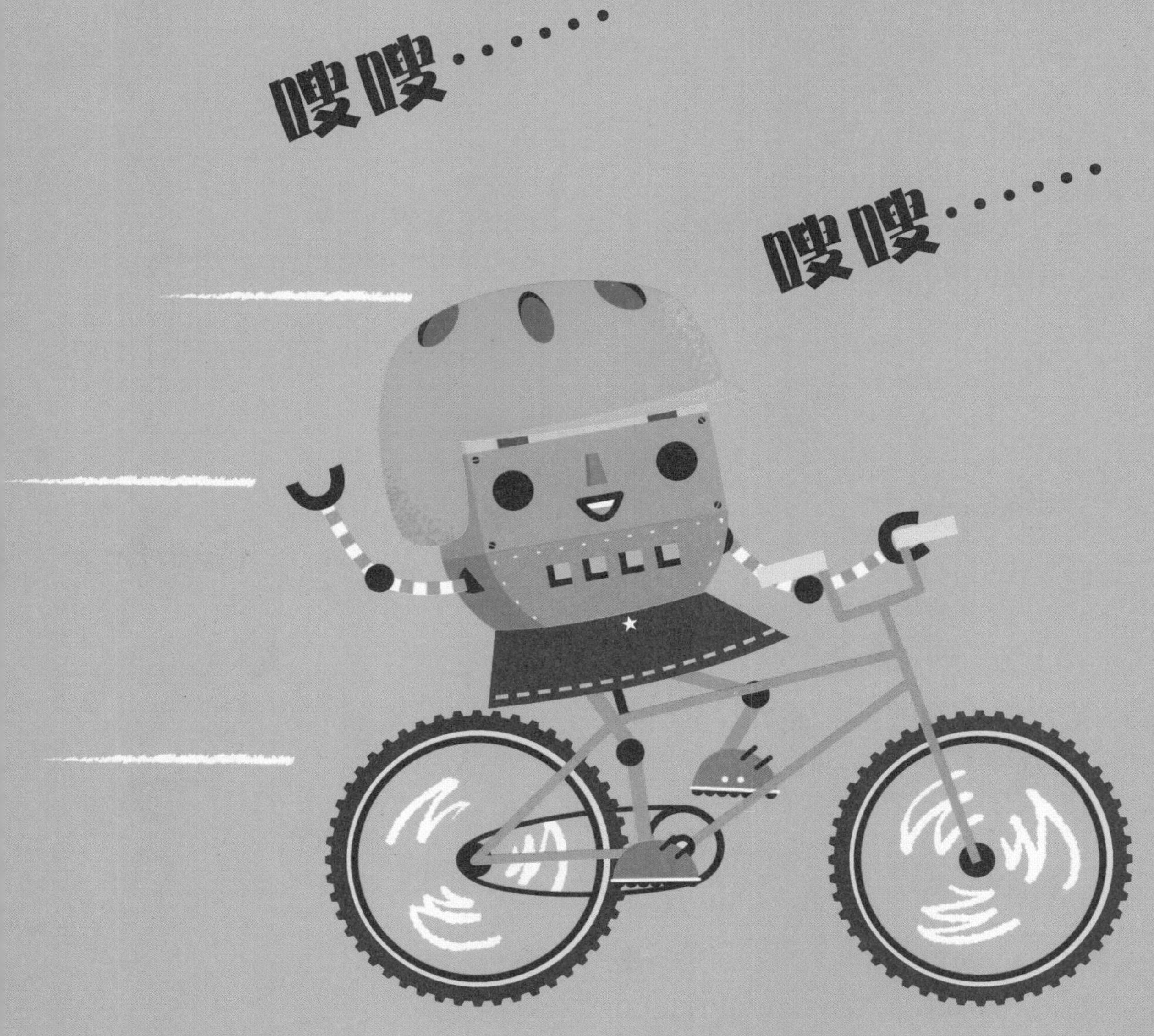
嗖嗖……
嗖嗖……

清晨，阿斯特拉开窗帘，雪花正飘飘洒洒地从天空中落下来，地上的积雪也已经很深了。这天气，太适合滑雪了。

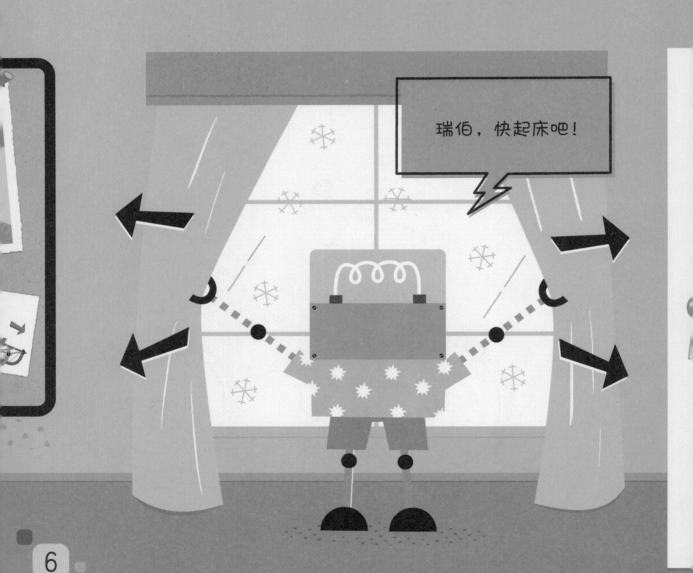

阿斯特试图把瑞伯从床上拉起来。不过哥哥好像正做着美梦，一把推开了阿斯特。

瑞伯睁开眼睛后，一眼就看到了窗外飞舞的雪花。

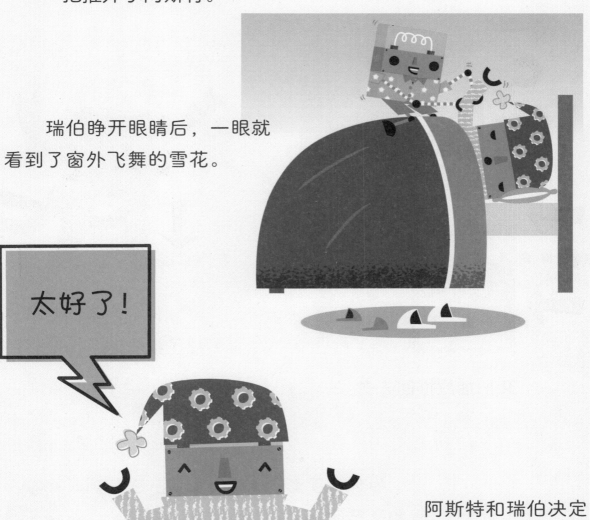

太好了！

阿斯特和瑞伯决定出门痛痛快快地玩雪。

阿斯特和瑞伯拉开抽屉，
找到羊毛帽子。

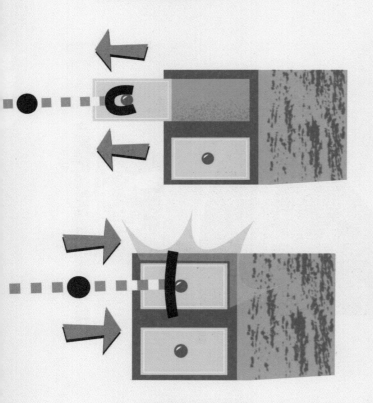

又把抽屉推回去关了。

他们穿套头衫的时候
拉了拉衣服。

手伸进手套，又
暖和又舒服。

拉力、推力等都是力。

力到底是什么呢？

力可以使物体运动，也可以让运动停止；力可以使运动的物体加速、减速，也可以改变物体运动的方向；力甚至可以改变物体的大小或形状。

阿斯特和瑞伯要去雪地里玩雪橇。在力的帮助下，他们将会度过愉快的一天。

阿斯特在后面推，瑞伯在前面拉，两人一起将闪亮的新雪橇拖到了山顶。

推力和拉力有什么区别呢？

推力能使物体远离自己，而拉力能让物体靠近自己。

11

阿斯特在雪橇上坐好了，等了一会儿，什么也没有发生。她很困惑，为什么雪橇不动呢？

瑞伯解释道，雪橇要用力推才能移动，如果没有外力的作用，雪橇就不会动。即使到下个星期，你还会在山顶上坐着。

阿斯特明白了，就用自己的超级旋转手臂推了下雪橇。

阿斯特从山顶呼啸而下，太过瘾了。

呼！ 呼！

山脚下的积雪凹凸不平，雪橇越走越慢，最后停了下来。

摩擦力是阻碍物体相对运动的一种力。

当雪地平整光滑时，摩擦力很小，雪橇移动起来就很容易。但当雪地凹凸不平时，摩擦力会增大，所以雪橇移动起来就不容易。

我也要滑一次。

不好！阿斯特和瑞伯都想玩雪橇。

　　阿斯特拉着雪橇的一端，瑞伯拉着另一端，他们拉扯了好一会儿，可是雪橇在原地没动。如果继续拉扯下去，那他们哪儿也去不了了。

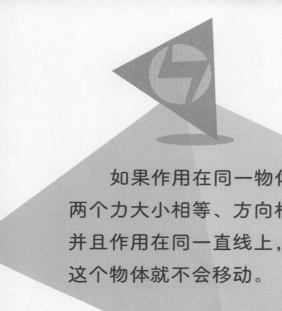

如果作用在同一物体上的两个力大小相等、方向相反，并且作用在同一直线上，那么这个物体就不会移动。

阿斯特和瑞伯一起想出了一个好主意。

我们不吵了。

我们去玩点儿更有趣的。

你猜阿斯特和瑞伯在做
什么呢?

两个超级机器人滚
了一个小雪球。

很快，他们又滚了
一个大雪球。

他们把小雪球抬起来放到了大雪球的上面。

然后不停地来回转动小雪球，直到两个雪球粘在一起。

啦啦啦！

阿斯特和瑞伯堆了一个大雪人，他们用了**滚**、**抬**、**转**等动作。

这些都是力的作用。

使用杠杆时也会用到力。

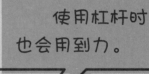

21

阿斯特和瑞伯正在滑冰，让他们向前滑动的力量来自他们脚下的动作——左、右、左、右……

脚用的力越大，滑的距离就越远。

力越大，意味着拥有
的能量越多。

23

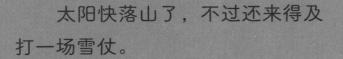

太阳快落山了，不过还来得及
打一场雪仗。

空气阻力

啪！

阿斯特和瑞伯使用
超级机器人的技能，以
闪电般的速度扔出去了
很多雪球。

雪球嗖嗖地从空中飞过,
最后还是落到地上了。

重力

啪!

砰!

当雪球在空中飞行时,空气会阻碍它们向前移动,这是空气阻力在发挥作用,它会使雪球减速。而雪球的重力会让雪球最终落到地上。

雪地里的一天真是一次美妙的探索啊!

该睡觉了，瑞伯累得连拉窗帘
的力气都没有了。

阿斯特在刷牙，她拿着牙刷一推一拉地刷完
左边再刷右边，一上一下地刷完上边再刷下边，
最后再把牙膏盖子拧回到牙膏管上。

推

拉

拧

阿斯特和瑞伯都很惊
讶，原来自己每时每刻都
在和力打交道。

阿斯特和瑞伯该睡觉了。

他们的卧室里有
哪些力呢？

推力是一种反作用力，它能推动火箭远离地球进入太空。

29

词 汇 表

杠杆：一种用较小的力撬动较大物体的简单机械。

空气阻力：空气对运动物体的阻碍力。

力：物体之间的相互作用。

摩擦力：阻碍相互接触的两个物体相对运动的力。

推力：一种反作用力，能推动物体运动。

物体：自然界中客观存在的一切有形体。

重力：物体由于地球的吸引而受到的力。

作用力和反作用力：物体相互作用时，彼此施加的力大小相等，方向相反，且作用在同一直线上，这两个相互施加的力就是作用力和反作用力。

教师和家长指南

这本书会帮助孩子了解力（物理学的基础概念之一）的有关知识，并由此开始，认识世界并了解世界运行的方式。

力能让运动的物体加速、减速和停止，也能改变物体运动的方向，还能让物体落到地面上，甚至让火箭飞上太空。

通过本书，孩子会发现在现实生活中力的作用是无处不在的，从而在生活中不断探索并寻找和力相关的现象。

更多信息

以下网站可以帮助你了解更多有关力等的科学知识，请继续探索吧！

科学传播-中国科学院物理研究所 www.iop.cas.cn/kxcb/

力学园地-中国科学院力学研究所 www.imech.cas.cn/science/lxyd/

英国物理学会 www.iop.org/explore-physics/at-home

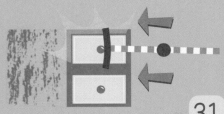

索 引

物理起步走

>>> 什么是声音？ <<<

[英]凯·巴汉姆 文　[巴西]马塞洛·鲍道里 图　董丽楠 译

乐乐趣

陕西新华出版
陕西人民教育出版社
·西安·

著作权合同登记号：陕版出图字25-2023-289

FIRST STEPS IN SCIENCE WHAT IS SOUND?
Text by Kay Barnham
Illustrations by Marcelo Badari
First published in Great Britain in 2023
by Wayland
Copyright © Hodder and Stoughton, 2023
All rights reserved

图书在版编目（CIP）数据

物理起步走. 6，什么是声音？ /（英）凯·巴汉姆
文；（巴西）马塞洛·鲍道里图；董丽楠译. — 西安：
陕西人民教育出版社，2024.6
　书名原文：FIRST STEPS IN SCIENCE WHAT IS SOUND?
　ISBN 978-7-5450-9871-6

Ⅰ. ①物… Ⅱ. ①凯… ②马… ③董… Ⅲ. ①声学—
儿童读物 Ⅳ. ①O4-49

中国国家版本馆CIP数据核字（2024）第024252号

物理起步走 什么是声音？ WULI QIBU ZOU　SHENME SHI SHENGYIN?

[英]凯·巴汉姆 文　[巴西]马塞洛·鲍道里 图　董丽楠 译

图书策划　麻雪梅　李耀红　　责任编辑　张　锋
封面设计　时秦睿　　　　　　　特约编辑　李耀红
美术编辑　赵　猛
出版发行　陕西人民教育出版社
地址　西安市丈八五路58号（邮编710077）
印刷　上海中华印刷有限公司
开本　787 mm×1 092 mm 1/16　印张　2
字数　20千字
版印次　2024年6月第1版　2024年6月第1次印刷
书号　ISBN 978-7-5450-9871-6
定价　118.00元（共6册）

出品策划　荣信教育文化产业发展股份有限公司
网址　www.lelequ.com　电话　400-848-8788
乐乐趣品牌归荣信教育文化产业发展股份有限公司独家拥有
版权所有　翻印必究

什么是声音？

一起来探索千变万化的声音吧！和史上最棒的超级机器人乐队一起玩摇滚，大家一定会很开心，还能学到关于声音的重要知识。准备出发，未来的超级科学家们！

弗莱仕、博尔特、杰特、沃尔特为他们的超级机器人乐队起了一个新的名字。

新名字叫……

锃锵乐队。

他们都很酷。

↑
弗莱仕

↑
博尔特

他们能制造出响亮的声音。

我们是铿锵乐队，弗莱仕是鼓手，博尔特是键盘手，杰特是贝斯手，我是主唱兼主音吉他手！

杰特

沃尔特

超级机器人乐队马上要进行世界巡演了。
不过出发前，他们需要反复练习。

咚！

咚！

弗莱仕在打鼓。

扫弦

弹拨

杰特和沃尔特分别弹着贝斯和吉他。

博尔特在练习电子琴。

啦啦啦……

当然，沃尔特还要练声。

人们制造了各种乐器，你还能想到哪些乐器呢？它们又是如何发出声音的呢？

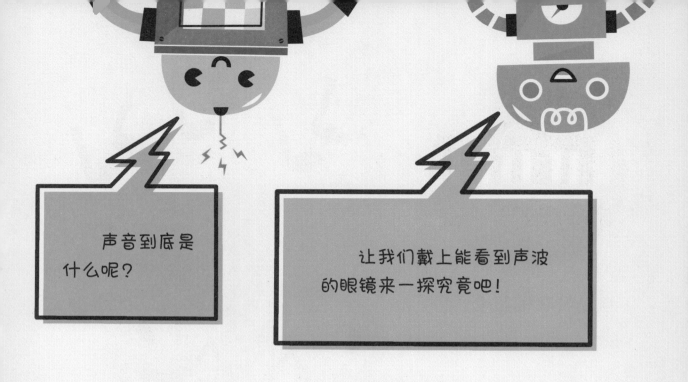

声音到底是什么呢？

让我们戴上能看到声波的眼镜来一探究竟吧！

沃尔特拨了一下吉他弦。

嗡……

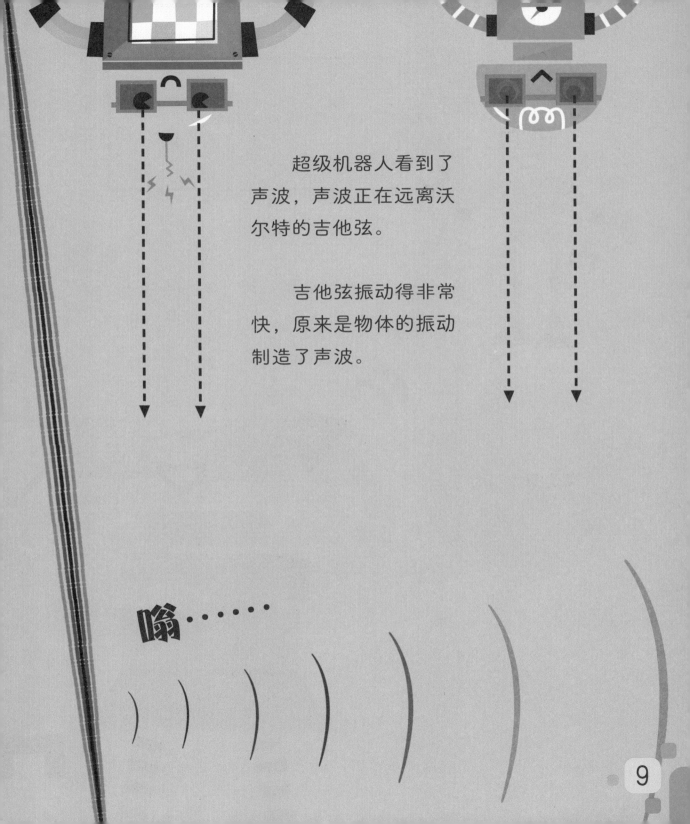

超级机器人看到了声波，声波正在远离沃尔特的吉他弦。

吉他弦振动得非常快，原来是物体的振动制造了声波。

嗡……

我们来仔细研究一下声波。

超级机器人放大了声波。

激活缩放功能

他们发现，声波实际上是空气粒子的振动。

吉他弦的振动引起附近的空气粒子振动。这些空气粒子会推动其他空气粒子振动。其他空气粒子又把振动传递给更多的空气粒子，形成一系列疏密相间的波动向四周传播，直到传到听者的耳朵里。

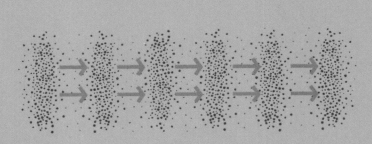

声波曲线上升时，振动的空气粒子较多；声波曲线下降时，振动的空气粒子较少。

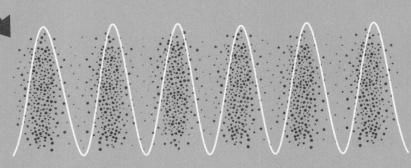

声音不同，其声波形状也不同。

沃尔特记住了铿锵乐队
的所有歌。

当他唱高音时，声波曲线
排列得比较密。

当他唱低音时，声波曲线很
稀疏。

试着唱一首歌，听听你自己的声音是如何上下起伏的。

声音有时候很高，有时候很低，这种高低不同的声音叫作音高。

13

铿锵乐队的第一场演出马上就要开始了，超级机器人带着他们的乐器走进了音乐厅。音乐厅后台的走廊又大又宽，弗莱仕不禁感叹了一声。

突然，让人意想不到的事情发生了。弗莱仕"啊"的声音一次又一次传来。

啊！

啊！

啊！

啊！

声波遇到障碍物时会被反弹回来，形成回声。

如果你想听到回声，你需要：

· 一个较大的空间，如隧道、
洞穴或峡谷等

· 平滑坚硬的墙壁等

然后，

大喊一声！

我喜欢音乐。

我喜欢音乐。

我喜欢音乐。

我喜欢音乐。

我喜欢音乐。

我喜欢音乐。

我喜欢音乐。

我喜欢音乐。

回声不会随时随地发生。声波碰到又硬又平的墙壁时会被反弹回来，但遇见柔软、凹凸不平的表面则不会完全被反弹，这就是在挂着窗帘、有软沙发和很多靠垫的小房间里听不到回声的原因。

弗莱仕、杰特、博尔特、沃尔特四个超级机器人在后台安安静静地等待着上场表演。

嘘……

18

声音很小时，声波曲线的波动也会很小。

啊呀！

轮到他们上场了。

铿锵乐队

表演时间！

咚咚咚咚！

乐队出现在了舞台上。

弗莱仕打了一串如雷声般的鼓点。

嘣嘣……

杰特的贝斯弹拨得激情四射。

如果声音很嘈杂，声波曲线的波动就会

非常非常大。

铿锵乐队

沃尔特扯着嗓子大声唱着。

啦啦啦！

嘭嘭！

博尔特的手指舞动着，有节奏地敲打着键盘。

人群发出了欢呼声。

21

演出盛况空前，铿锵乐队将他们最新的热门歌曲演奏了两遍。不过，有些超级机器人不喜欢太吵闹的声音，他们站在离舞台很远的地方，那里要安静很多。

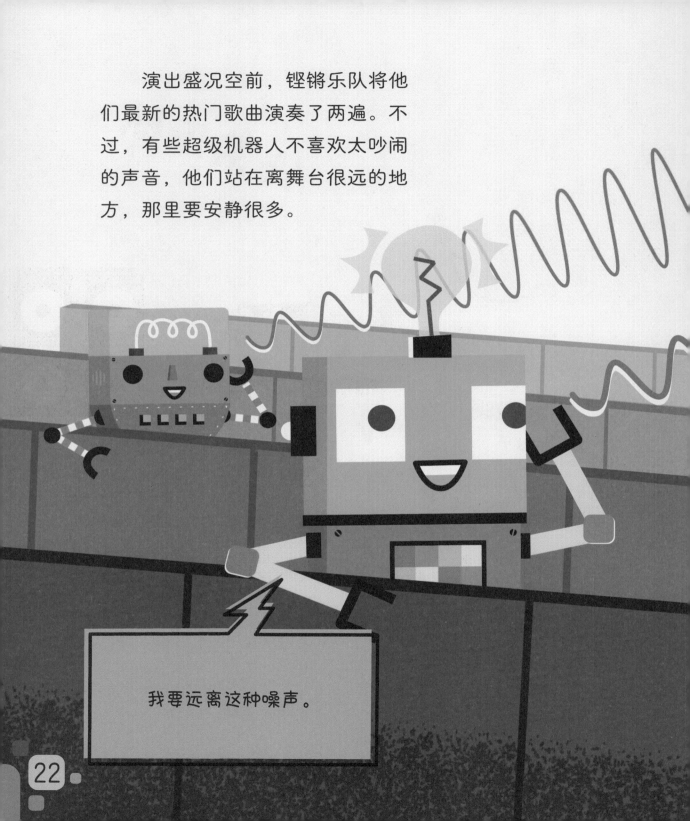

我要远离这种噪声。

声波向远处传播时，覆盖的范围会增大，振动的空气粒子就会更加分散，所以声音会越来越小。

为什么声音会越传越小？

声波就像水中的波纹。

24

把一颗石子扔进水中，石子周围会有波纹向外扩散。随着扩散的范围越来越大，波纹会逐渐消失。

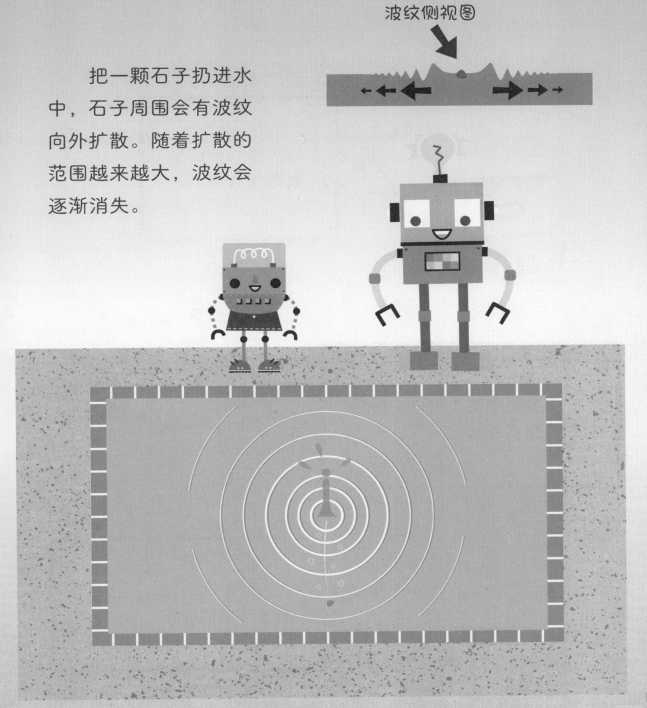

波纹侧视图

铿锵乐队的最后一首曲子震撼了整个会场。真是一场精彩的演出！

我们要在全世界出名了。

我们要享誉宇宙，那样也许就能去太空玩了。

在太空中，人们可听不见我们的音乐。

太空中没有空气。这意味着，当
太空中的物体振动时，没有空气粒子
相互传递，所以就听不见声音。

手工纸杯电话

声波不仅能通过空气传播，也能通过绳子传播。试着做一做下面的这个实验吧。

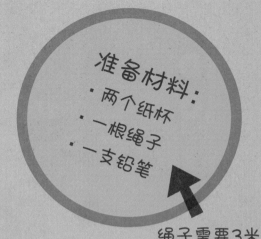

准备材料：
· 两个纸杯
· 一根绳子
· 一支铅笔

绳子需要3米或更长。

制作步骤：

1 让大人帮你用铅笔在每个纸杯底部戳一个小洞。

2 把绳子两端分别穿过纸杯上的小洞，将两个纸杯连在一起。

3 在每个纸杯里面将绳子打一个大结，这样绳子就不会掉出去了。

4 找一个朋友，让他把一个纸杯罩在耳朵上。

5 你拿着另一个纸杯走到远处，拉直绳子。

6 你对着纸杯说话，你的朋友就能听到了。

7 你把纸杯罩在耳朵上，你的朋友说话时，你也能听见。

你好！

你好！

词汇表

空气粒子：空气中非常细小的颗粒物。

扫弦：一次性用手指依次拨动数根弦的演奏方法。

弹拨：用手指拨动琴弦。

峡谷：由峭壁围住的山谷。

音高：各种高低不同的声音。

宇宙：天地万物的总称。

振动：非常快的摆动。

教师和家长指南

这本书会帮助孩子了解声音（物理学的基础概念之一）的相关知识，并由此开始，认识世界并了解世界运行的方式。

声音是一种能量，当声源的振动扰乱附近的空气粒子时，由空气粒子构成的声波就会传播到我们耳朵里。

通过本书，孩子可以了解现实生活中声音是如何传播的，还可以在生活中不断探索和声音相关的知识。

更多信息

以下网站可以帮助你了解更多有关声音等的科学知识，请继续探索吧！

科学传播-中国科学院物理研究所 www.iop.cas.cn/kxcb/

科学传播-中国科学院声学研究所 www.ioa.cas.cn/kxchb/

英国布拉德福德科学与媒体博物馆 www.scienceandmediamuseum.org.uk/

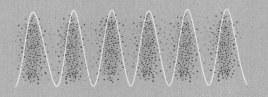

索引

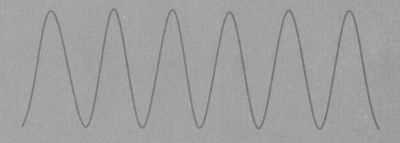

物理起步走

>>> 什么是物质？ <<<

[英]凯·巴汉姆 文 [巴西]马塞洛·鲍道里 图 董丽楠 译

乐乐趣

陕西新华出版
陕西人民教育出版社
·西安·

著作权合同登记号：陕版出图字25-2023-292

FIRST STEPS IN SCIENCE WHAT IS MATTER?
Text by Kay Barnham
Illustrations by Marcelo Badari
First published in Great Britain in 2023
by Wayland
Copyright © Hodder and Stoughton, 2023
All rights reserved

图书在版编目（CIP）数据

物理起步走. 2，什么是物质？ /（英）凯·巴汉姆
文；（巴西）马塞洛·鲍道里图；董丽楠译. -- 西安：
陕西人民教育出版社，2024.6
　书名原文：FIRST STEPS IN SCIENCE WHAT IS
MATTER？
　ISBN 978-7-5450-9871-6

　Ⅰ.①物… Ⅱ.①凯… ②马… ③董… Ⅲ.①物质—
儿童读物 Ⅳ.①O4-49

中国国家版本馆CIP数据核字（2024）第024247号

在做书中的实验时，尤其是在使用会发生化学反应的材料时，最好请大人陪同。有些材料中可能含有过敏原，过敏体质的人请尽量不要接触。

物理起步走 什么是物质？ WULI QIBU ZOU SHENME SHI WUZHI?

[英]凯·巴汉姆 文　[巴西]马塞洛·鲍道里 图　董丽楠 译

图书策划 麻雪梅 李耀红　　**责任编辑** 张 锋
封面设计 时秦睿　　　　　　**特约编辑** 李耀红
美术编辑 赵 猛
出版发行 陕西人民教育出版社
地址 西安市丈八五路58号（邮编710077）
印刷 上海中华印刷有限公司
开本 787 mm×1 092 mm 1/16　**印张** 2
字数 20 千字
版印次 2024 年 6 月第 1 版　2024 年 6 月第 1 次印刷
书号 ISBN 978-7-5450-9871-6
定价 118.00 元（共6册）

出品策划 荣信教育文化产业发展股份有限公司
网址 www.lelequ.com　**电话** 400-848-8788
乐乐趣品牌归荣信教育文化产业发展股份有限公司独家拥有
版权所有　翻印必究

什么是物质?

一起来探索丰富多彩的物质吧!
加入超级机器人森林探险的队伍,不
仅能玩得很开心,还能学到一些很酷
的关于物质的知识。准备出发,未来
的超级科学家们!

博尔特、皮克斯和杰特都喜欢户外运动。

今天，他们将会沿着一条自然小径穿越森林，一路享受新鲜空气，同时也会特别观察潺潺的小溪与色彩斑斓的植物。

皮克斯

博尔特

杰特

4

这些超级机器人在森林中探险时，会看到哪些令人惊奇的事物和现象呢？

出发了！超级机器人乘坐磁浮列车呼啸着穿过市区，前往森林。

列车飞快地穿过隧道，驶过桥梁。
路上的景色美不胜收。

终于到达目的地了，皮克斯、
博尔特和杰特欣赏着挂满红、绿、
黄等五彩树叶的美丽森林，发出阵
阵感叹声。

这里太美了！

背包好重啊！

皮克斯和杰特看了看博尔特的背包。
博尔特带着：

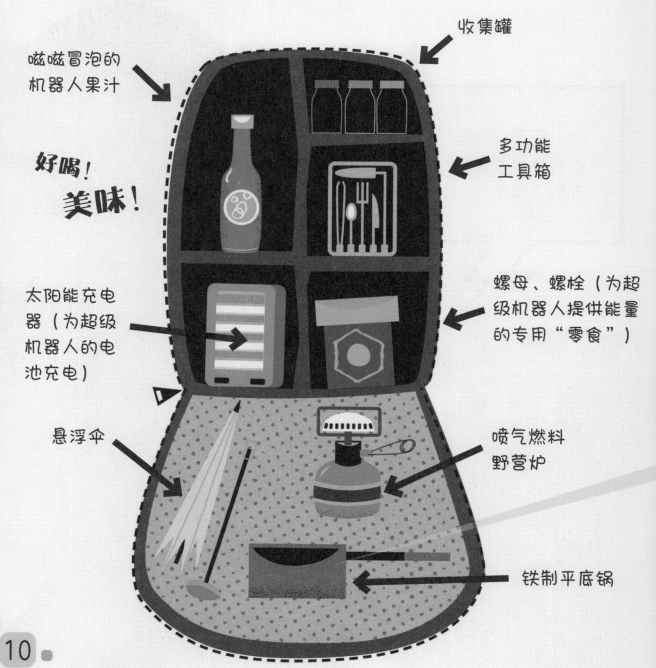

收集罐

嗞嗞冒泡的
机器人果汁

多功能
工具箱

好喝！
美味！

太阳能充电
器（为超级
机器人的电
池充电）

螺母、螺栓（为超
级机器人提供能量
的专用"零食"）

悬浮伞

喷气燃料
野营炉

铁制平底锅

这些都是物质。

从果汁到平底锅，很多物质是由被称为原子的微小粒子组成的。原子非常小，除非你是一个超级机器人，否则没有强大的工具根本看不到它们。

我的神奇魔法大眼睛可以看到原子。不信你看！

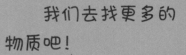

我们去找更多的物质吧！

铁原子

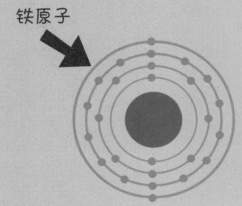

11

皮克斯、杰特和博尔特出发去探险
了，他们沿着小径飞快地走着。

他们跳过岩石……

跨过水坑和小溪。

风吹拂着他们的脸颊。

物质有固态、液态和气态三种状态。猜一猜，岩石、小溪和风分别属于哪种物质状态呢？

很快，小径开始变得陡峭，皮克斯、杰特、博尔特一直坚持着，爬啊爬啊爬。

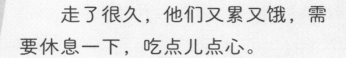

走了很久，他们又累又饿，需要休息一下，吃点儿点心。

固态的螺母、螺栓脆脆的，真好吃。皮克斯用她的神奇魔法大眼睛近距离观察着一颗螺栓。

放大很多倍的排列紧密的原子

15

休息一会儿后，超级机器人开始在附近探索。很快，他们惊喜地发现了一个清凉的瀑布。瀑布是液体。

液体的原子排列稀疏，可以自由移动，所以液体会流动，也没有固定的形状。

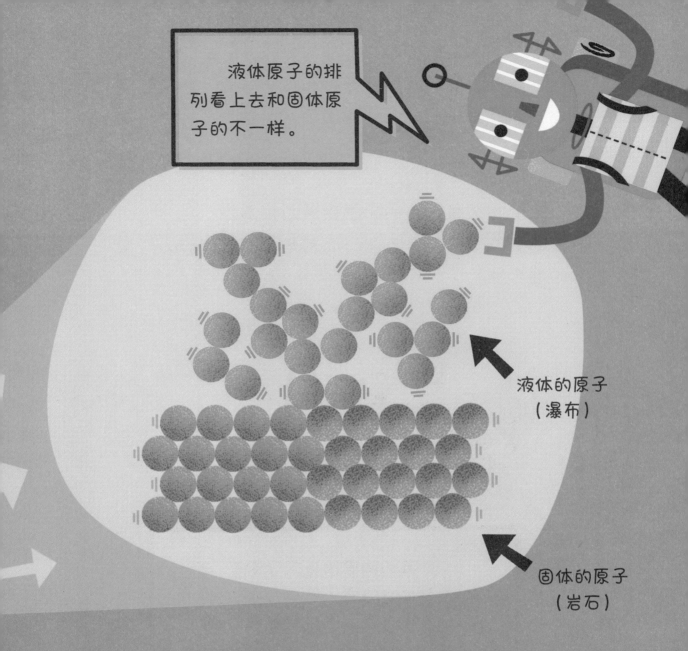

液体原子的排列看上去和固体原子的不一样。

液体的原子
（瀑布）

固体的原子
（岩石）

皮克斯用她的神奇魔法大眼睛发现，液体原子间的间距比固体原子间的间距要大得多。

充满能量的皮克斯、杰特和博尔特沿着森林中的小径一路走到了山顶。风景真美啊！

三个超级机器人一起感受着山顶清凉舒适的空气。空气是气体，而且是多种气体的混合物。

我们的周围充满了空气，但是从来没有人看见过它，真神奇！皮克斯，空气里的原子是什么样子的？

皮克斯再次开启她的神奇魔法大眼睛，看向空中。咦，她能看见空气里的原子吗？

我看见了，它们之间的间距很大，而且正在快速地向各个方向移动。

这时，太阳从云层后面钻了出来，大家被晒得有些热。不过幸运的是，杰特随身带着一个迷你小冰箱（超级机器人也非常喜欢吃冰棍）。

好耶！

好耶！

好耶！

哎呀呀！冰棍都快化了。为了不让冰棍在炙热的阳光下完全融化，超级机器人快速地吮吸着冰棍。

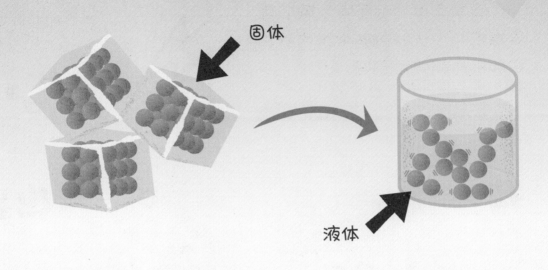

固体

液体

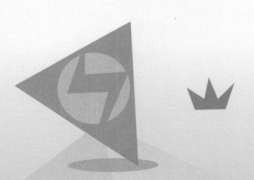

物质可以从一种状态变成另一种状态，冰棍融化后，就由固体变成液体了。

回家之前，谁想喝一碗"螺母螺栓粥"？我可以用我的野营炉和平底锅快速煮好。

我！

我也要！

博尔特将平底锅装满水，打开野营炉，点燃喷气燃料。高温火焰很快让水沸腾得冒起了泡泡，可以煮粥了。

水沸腾后会变成一种看不见的气体，即水蒸气。这是物质从一种状态转变为另一种状态的又一个例子：液体变成气体。

水蒸气

吃饱了，好开心啊！超级机器人要返程了。

冰棍在高温下很快融化了，野营炉上的水也能很快烧得咕嘟咕嘟响。但是有时候，物质状态的改变会很慢很慢。

由一个个原子组成的水分子汇聚成山泉水，山泉水再汇成溪水，慢慢地流出山谷。

小知识：
很多蒸发的水分子会与其他水分子聚集起来，形成天空中的云。

经过很长时间后，森林里成堆的落叶会腐烂，变成植物的天然肥料。

一种物质完全变成另一种物质，这种变化就是化学变化。

（见第28页，你可以自己做实验来观察神奇的化学变化。）

坐上回家的火车之前，皮克斯、杰特和博尔特一起欣赏着他们在旅途中收集的宝贝。

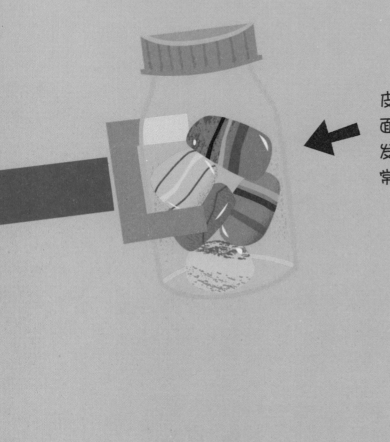

皮克斯拿着一个罐子，里面装满了五颜六色、闪闪发光的石头。这个罐子非常重。

杰特的罐子里装着在瀑布那里捧的水，它比装石头的罐子轻多了。

博尔特的罐子里装着山间清新的空气。这是三个罐子中最轻的一个。

被压缩在一定空间里的原子越多，物质的密度就越大，当然也就越重。

该回家了，超级机器人在森林里度过了非常难忘的一天！

有很多方法可以帮助你探索物质的特性，厨房里就能找到一些东西来尝试这件事情。现在，我们来做一个科学实验吧！

瓶中火山

注意：即使是未来的超级科学家，也必须在大人的帮助下做这个实验。为保证安全，最好在院子里或者浴缸中做这个实验。

准备材料：
· 一汤勺小苏打
· 一汤勺洗洁精
· 两汤勺水
· 八汤勺醋
· 一个大塑料瓶
· 一个汤勺
· 一个碗
· 一个漏斗

1 将小苏打、洗洁精和水在碗里混合。

2 用漏斗将混合物倒进大塑料瓶里。

3 把醋倒进大塑料瓶里。

轰！

轰！

4 坐下来等待大塑料瓶里的"火山爆发"。

一些不同种类的物质混合后，很快会发生剧烈的化学反应。

词汇表

固体：物质的状态之一，其原子相距很近而且几乎不能移动。

化学反应：一种物质与另一种物质混合产生新物质的过程。

密度：单位体积内物质的质量。

气体：物质的状态之一，其原子相距很远而且可以快速地自由移动。

水蒸气：水的气体状态。

物质：任何会占据一定空间且有质量的东西，比如饭盒、果汁或空气等。

物质状态：物质有固态、液态和气态三种状态。

液体：物质的状态之一，其原子间距介于固体原子和气体原子之间。

原子：构成物质的最小粒子之一。

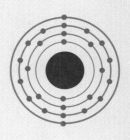

教师和家长指南

这本书会帮助孩子了解物质（物理学的基础概念之一）的相关知识，并由此开始，认识世界并了解世界运行的方式。

物质会占据一定的空间，通常以不同的状态存在，而且具有不同的属性。物质可以从一种状态变为另一种状态。

通过本书，孩子可以透过超级机器人的视角，学会观察现实生活中不同类型的物质，从而帮助他们在生活中继续探索和发现。

请注意：这本书中的实验需要在大人的帮助下完成。

更多信息

以下网站可以帮助你了解更多有关物质等的科学知识，请继续探索吧！

科学传播-中国科学院物理研究所 www.iop.cas.cn/kxcb/

科学与工业博物馆 www.scienceandindustrymuseum.org.uk

索 引

物理起步走

>>> 什么是能量？ <<<

[英]凯·巴汉姆 文　[巴西]马塞洛·鲍道里 图　董丽楠 译

乐乐趣

陕西新华出版
陕西人民教育出版社
·西安·

著作权合同登记号：陕版出图字25-2023-291

图书在版编目（CIP）数据

物理起步走. 1，什么是能量？ / （英）凯·巴汉姆
文 ；（巴西）马塞洛·鲍道里图 ；董丽楠译. -- 西安 ：
陕西人民教育出版社，2024.6
　书名原文：FIRST STEPS IN SCIENCE WHAT IS
ENERGY？
　ISBN 978-7-5450-9871-6

　Ⅰ . ①物… Ⅱ . ①凯… ②马… ③董… Ⅲ . ①能—儿
童读物 Ⅳ . ①O4-49

　中国国家版本馆CIP数据核字（2024）第024263号

物理起步走 什么是能量？ WULI QIBU ZOU SHENME SHI NENGLIANG?

[英]凯·巴汉姆 文 [巴西]马塞洛·鲍道里图 图 董丽楠 译

图书策划 麻雪梅 李耀红　　**责任编辑** 张　锋
封面设计 时秦睿　　　　　　**特约编辑** 李耀红
美术编辑 赵　猛
出版发行 陕西人民教育出版社
地址 西安市丈八五路58号（邮编710077）
印刷 上海中华印刷有限公司
开本 787 mm×1 092 mm 1/16　**印张** 2
字数 20 千字
版印次 2024 年 6 月第 1 版　2024 年 6 月第 1 次印刷
书号 ISBN 978-7-5450-9871-6
定价 118.00 元（共6册）

出品策划 荣信教育文化产业发展股份有限公司
网址 www.lelequ.com **电话** 400-848-8788
乐乐趣品牌归荣信教育文化产业发展股份有限公司独家拥有
版权所有　翻印必究

什么是能量？

一起来探索充满能量的世界吧！沃尔特、瑞伯和皮克斯准备参加一场活力四射的校园运动会。跟随他们，一起学习一些关于能量的有趣知识。准备出发，未来的超级科学家们！

瑞伯

皮克斯

沃尔特

皮克斯、瑞伯和沃尔特都是
性格非常活泼的超级机器人。从
田径、自行车到排球、帆板等，
他们喜欢各种各样的运动。

平时，他们喜欢蹦蹦
跳跳，跑来跑去。运动会
马上要举行了，这是一年
之中他们在学校里最喜欢
的事情了。

今年的运动会由体育老师卡尔迪亚
负责，她安排了一整天令人眼花缭乱的
运动项目。

运动会这天，每个人都
蹦着、跳着来到学校，操场
上到处洋溢着喜悦的气氛。
比赛正式开始之前，他们都
吃了点心，喝了饮料。

吧唧吧唧！

吧唧吧唧！

食物能带给他们很多能量。

能量到底是什么？

能量是实现跑步、跳跃和
投掷等运动所需要的力量。超
级机器人（当然也包括人类）
做任何事情都需要能量。

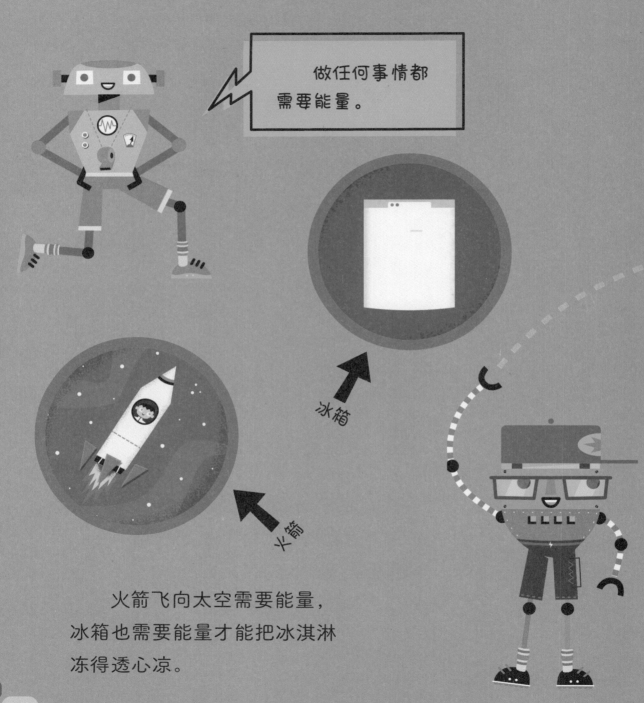

做任何事情都需要能量。

冰箱

火箭

火箭飞向太空需要能量，
冰箱也需要能量才能把冰淇淋
冻得透心凉。

球在空中飞行需要能量。

球

太酷了!

你能想到哪些
事情是需要能量才
能完成的呢?

可是这些能量都是从哪里来的呢？难道火箭也吃零食吗？！

从宇宙诞生的那一刻起，能量就一直存在着。它既不能被创造，也不能被消灭，只能从一种形式转化为另一种形式。

就像人类通过食物来获得能量一样，
火箭是通过充满化学能的燃料来获得动力
的。当火箭升空时，化学能就会转化成热
能、声能和动能。

所有运动的物体都具有动能。

11

太阳

热能

光能

机械能

割草机

声能

13

选手们，准备好参加第一场比赛了吗？袋鼠跳马上开始了。

蹦！

蹦！

啪！

瑞伯钻进袋子，以超级机器人的帅姿蹦跳着出发了。哎呀，糟糕！他把自己绊倒了。

但是他很快站了起来，又开始努力地跳，终于，第一个抵达终点。哈哈！瑞伯是冠军！

太棒了！

你能把这几种能量和图中的数字匹配上吗？

· 声能
· 热能
· 动能

精力充沛的超级机器
人，已经早早地为下一个
项目做准备了。

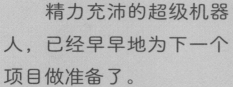

势能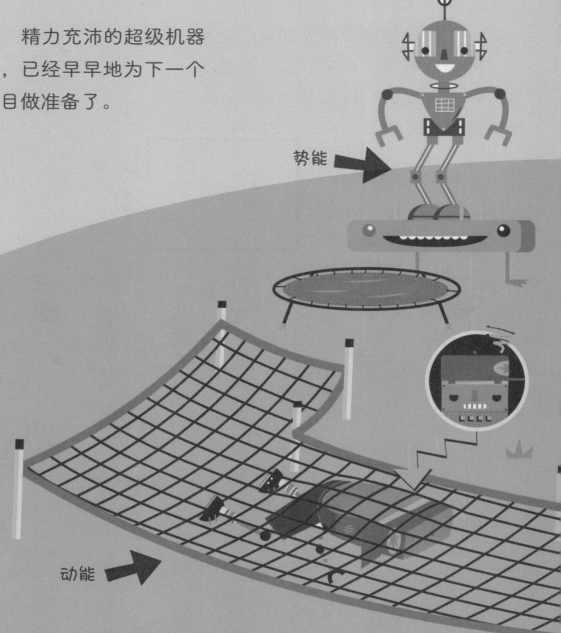

动能

超级机器人的障碍赛中出现了一种
陌生的能量，你注意到了吗？

势能和动能是最主要的两种能量。势能是物体因其所处的相对位置而具有的能量，而动能是物体运动时具有的能量。

还记得比赛开始前超级机器人都吃了一大块点心吗？食物具有化学能，它会储存在身体里，等运动时化学能就转化成动能了。

跳水运动员有势能。

现在，跳水运动员的
势能转化成了动能。

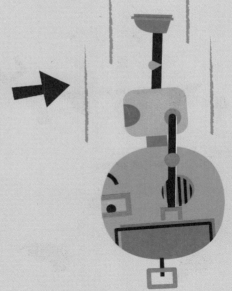

不同类型的能量都属于这两种
能量中的一种。

19

跑步比赛开始了！

沃尔特慢慢地跑着，瑞伯不紧不慢地跑
着，而皮克斯在全力冲刺。

你觉得他们三个超级机器
人，谁消耗的能量最多呢？

没错，就是皮克斯。她跑得最快，所以消耗的能量最多。

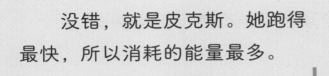

太棒了！

能量的单位是焦耳。一道闪电大约能释放出10亿焦耳的能量。

运动会的最后一个项目不是比赛，而是校园舞会。

沃尔特是舞会负责人，他给露天舞台、舞池灯和扬声器都接上了电源，并打开了开关。

咔嗒！

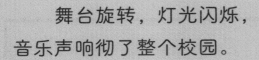

舞台旋转，灯光闪烁，
音乐声响彻了整个校园。

来吧，让我们
一起跳舞！

电能可以驱动许多机器运转。

我们能通过各种神奇的途径获得电能。

太阳能

电能

太阳能电池板吸收太阳光的能量，并将其转化为电能。

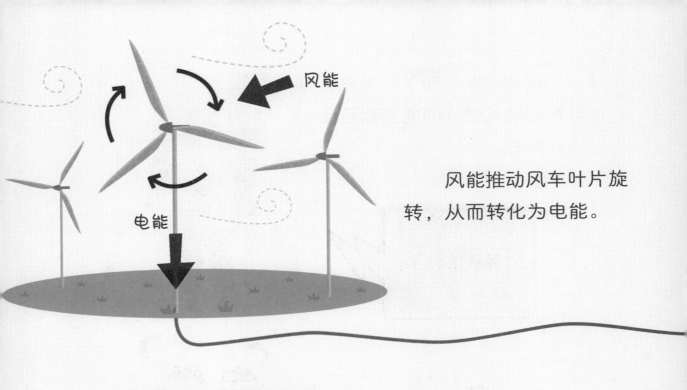

风能推动风车叶片旋转，从而转化为电能。

甚至潮汐和瀑布的能量也可以转化为电能。

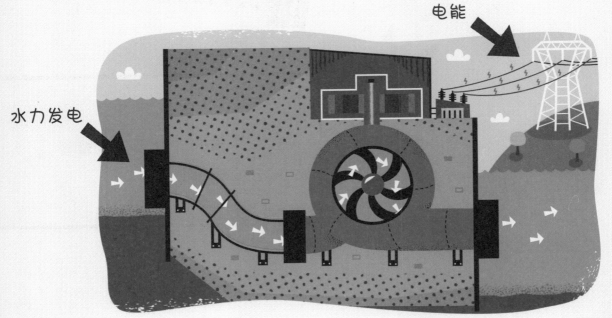

运动会太有趣了。不过，现在超级机器人的能量都已经消耗殆尽。

我快饿死了。

哦……

我们需要更多的能量，去吃饭吧！

现在超级机器人都懂了，能量会从一种形式转化为另一种形式。

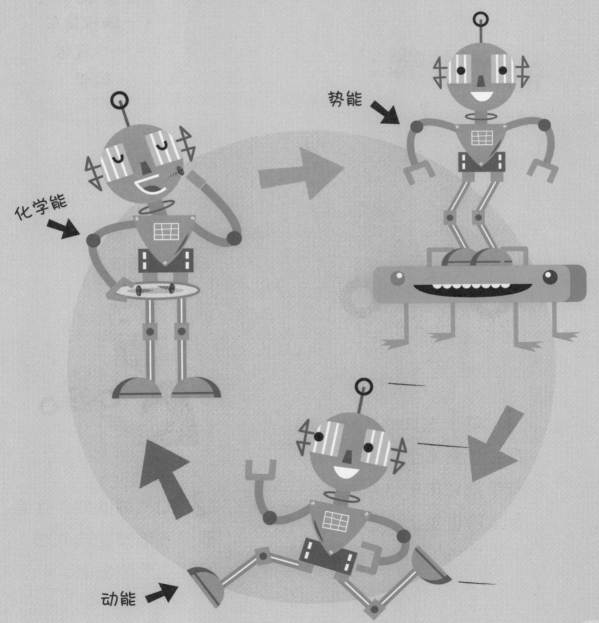

势能

化学能

动能

接下来，试着自己动手将
玩具车的势能转化为动能吧！

准备材料：
·一辆玩具车
·一个气球
·胶带

制作步骤：

1 将未充气的气球
穿在玩具车上，并用
胶带把它牢牢地粘在
合适的位置上。

2 给气球吹气，注意
要小心地捏住吹气口，
别让空气跑出来。

3 将玩具车和气球放在地板上，
注意手要捏住气球的吹气口。

4 放开气球吹气口。

5 观察这辆气球动力
玩具车，它会在地板上
一闪而过。

嗖！

嗖！

 充气的气球具有势能，当空气从吹气口跑
出来时，势能就转化成玩具车运动的动能了。

词汇表

动能：物体因运动而具有的能量。

化学能：物质经过化学反应释放的能量。

焦耳：能量单位，就像米是长度单位一样。

能量：让物体运转的动力。

热能：物体燃烧或者内部分子不规则地运动时释放的能量。

声能：声音具有的能量。

势能：物体因其所处的相对位置或发生弹性形变而具有的能量。

水力发电：将流动的水产生的动能转化成电能的发电方式。

太阳能：来自太阳辐射的能量。

教师和家长指南

这本书会帮助孩子了解能量（物理学的基础概念之一）的有关知识，并由此开始，认识世界并了解世界运行的方式。

能量是一切活动的动力，它既不能被创造，也不能被消灭，只能从一种形式转化为另一种形式。没有能量，人们做不成任何事。

通过本书，孩子能了解到现实生活中有很多不同类型的能量，从而继续探索更多与能量有关的知识。

更多信息

以下网站可以帮助你了解更多有关能量等的科学知识，请继续探索吧！

科学传播-中国科学院物理研究所 www.iop.cas.cn/kxcb/

英国儿童广播电台 www.funkidslive.com/learn/energy-sources/

第15页的答案：

1. 热能（瑞伯汗津津的脸）

2. 动能（沃尔特在跳跃）

3. 声能（皮克斯在欢呼）

索 引

物理起步走

>>> 什么是运动？ <<<

[英]凯·巴汉姆 文　[巴西]马塞洛·鲍道里 图　董丽楠 译

乐乐趣

陕西新华出版

陕西人民教育出版社
·西安·

著作权合同登记号：陕版出图字25-2023-293

FIRST STEPS IN SCIENCE WHAT IS MOTION?
Text by Kay Barnham
Illustrations by Marcelo Badari
First published in Great Britain in 2022
by Wayland
Copyright © Hodder and Stoughton, 2022

图书在版编目（CIP）数据

物理起步走. 3, 什么是运动？ / （英）凯·巴汉姆
文；（巴西）马塞洛·鲍道里图；董丽楠译. — 西安：
陕西人民教育出版社，2024.6
书名原文：FIRST STEPS IN SCIENCE WHAT IS
MOTION?
ISBN 978-7-5450-9871-6

Ⅰ. ①物… Ⅱ. ①凯… ②马… ③董… Ⅲ. ①运动学
—儿童读物 Ⅳ. ①O4-49

中国国家版本馆CIP数据核字（2024）第024267号

物理起步走 什么是运动？ WULI QIBU ZOU SHENME SHI YUNDONG?

[英]凯·巴汉姆 文 [巴西]马塞洛·鲍道里 图 董丽楠 译

图书策划 麻雪梅 李耀红		**责任编辑** 张 锋	
封面设计 时秦睿		**特约编辑** 李耀红	
美术编辑 赵 猛			

出版发行 陕西人民教育出版社
地址 西安市丈八五路58号（邮编 710077）
印刷 上海中华印刷有限公司
开本 787 mm×1 092 mm 1/16 **印张** 2
字数 20 千字
版印次 2024 年 6 月第 1 版　2024 年 6 月第 1 次印刷
书号 ISBN 978-7-5450-9871-6
定价 118.00 元（共6册）

出品策划 荣信教育文化产业发展股份有限公司
网址 www.lelequ.com **电话** 400-848-8788
乐乐趣品牌归荣信教育文化产业发展股份有限公司独家拥有
版权所有　翻印必究

什么是运动？

一起来探索永无止息的运动吧！加入超级机器人佛雷斯和弗莱仕的自行车比拼赛，在高低起伏的路上学习有关运动的神奇知识。准备出发，未来的超级科学家们！

佛雷斯和弗莱仕跑得非常快，世界在他们身后变得一片模糊。

弗莱仕

佛雷斯

借助一根长长的、能弯曲的竿子，他们就能玩撑竿跳。

天气寒冷的时候，他们会穿上溜冰鞋在冰面上滑过。

刺溜……刺溜……

刺溜……刺溜……

不过佛雷斯和弗莱仕最爱
的运动还是骑着他们的自行车
呼啸着从赛道上飞驰而过。

呼呼——

呼呼——

给自行车轮胎打足气，再检查一下刹车，他们准备开始一次炫酷的自行车比拼赛。

等等我！

佛雷斯和弗莱仕跨上自行车，踩下脚踏板……自行车比拼赛要开始了。

出发！

运动是指物体从一个点
移动到另一个点的过程。

自行车道又宽又平，真
是比赛的好地方。

准备……预备……出发！

嘟嘟……

嘘嘘……

弗莱仕不慌不忙
地出发了，边骑车边
吹着口哨。

另一边，佛雷斯使劲蹬着脚踏板，一圈又一圈，他的速度比弗莱仕快多了。

速度可以让我们知道物体移动的快慢。

现在，这两个超级机器人的速度相差很大。

嗖嗖嗖！

佛雷斯仍然领先。

不过，弗莱仕正在使劲
蹬脚踏板，他开始加速了，
等到下坡的时候，他快得简
直要飞起来了！

如果物体移动得更快了，那就意味着它的速度增加了，这个过程就是加速。

哎呀，糟糕！佛雷斯的电池快没电了，他的速度变得越来越慢。

减速是描述速度变化的另一种说法，指速度正在降低（也就是变慢）。减速和加速是一对反义词。

弗莱仕轻松超过了佛雷斯。现在，弗莱仕领先了，并最终赢了比赛。

弗莱仕，好样的。

快速充电后，佛雷斯能量满满地准备再次出战。

佛雷斯和弗莱仕进入了越野自
行车赛道，现在他们要在不同的路
况上骑行了。

两个超级机器人骑手正在爬巨
大的陡坡。

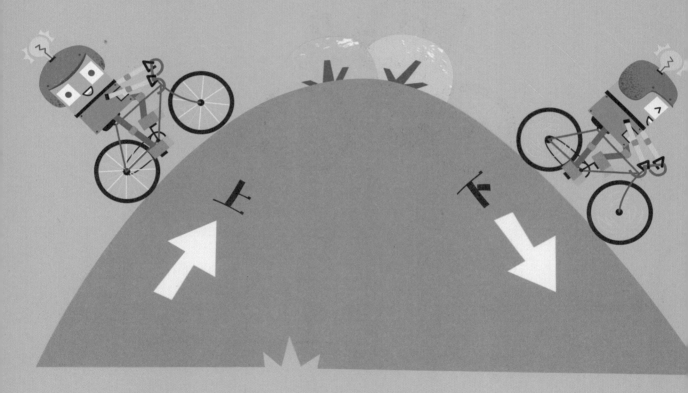

骑行的路线不一定全是平路，还可
能是上坡或下坡等。

两个人不断地上上下下，就像在弹簧上一样。

佛雷斯和弗莱仕在粗糙的砂石路面上骑行时，车子不断地发出嘎吱嘎吱的声响。这时候，他们仍然在上上下下地运动着，只是幅度很小。

　　超级机器人身上所有的螺母、螺栓都跟着一起发出叮叮当当的响声，头也前后左右地跟着摇摆。这个运动量可真大！

嘎!

嘎!

在你生活的周围,每天能看到哪些
上下跳动或前后左右摇摆的运动?

路上有一段超级棒的弧形赛道。当两个超级机器人在上面嗖嗖地转圈时，自行车的车身看起来就要贴到地面了。但是，自行车并没有倒下。

当骑手们绕着弧形赛道快速骑行时，力会把他们"粘"在自行车上，而自行车也同样会被"粘"在赛道上。

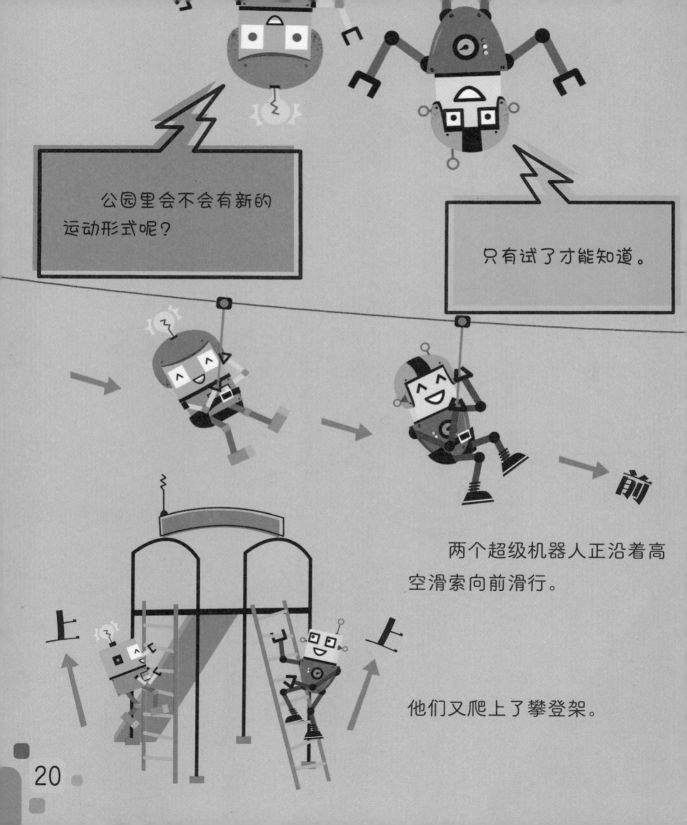

公园里会不会有新的运动形式呢？

只有试了才能知道。

前

两个超级机器人正沿着高空滑索向前滑行。

上 上

他们又爬上了攀登架。

跷跷板，上上下下，真好玩。

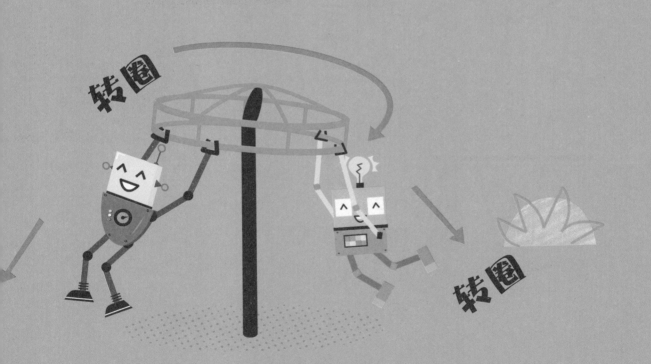

在转盘上转啊转，转啊转。超级机器人，抓紧了，别掉下去哟！

最后是最好玩的，也是佛雷斯和弗莱仕
最喜欢的项目——荡秋千。轮流帮对方推秋
千，是一件充满乐趣的事情。弗莱仕先推佛
雷斯玩。

哇哦！

佛雷斯在空中先向前
荡，再向后荡。

推得有点累，弗莱仕觉得自己需要休息一下，就停了下来，不过秋千并没有马上停下来。

为什么呢？

运动中的物体拥有动量。在没有外力的作用下，动量能让物体保持原来的运动状态，直到受到重力或者其他外力的阻止，物体才会停下来。

佛雷斯和弗莱仕玩得非常尽兴。突然，他们注意到太阳就要落山了。哎呀，时间怎么过得这么快呢？

好像要迟到了。

嗖！嗖！

两个超级机器人不想再骑回去了，于是他们打开了自带的"火箭动力"。

汽车、火车、轮船、飞机、火箭，甚至机器人的脚里面，都装着发动机，这能让它们快速移动。

25

佛雷斯和弗莱仕飞着回家，速度很快，根本就不需要很多时间。

他们平安降落时，夜晚"欢乐蹦蹦跳"的舞会刚刚开始。

跳舞也是一种运动，把许多不同的动作组合在一起跳舞，简直能开心得飞起来。

用跳舞来结束忙碌的一天，实在是太好了！

让我们一起跳舞吧！
你能自编一套包含这
些动作的舞蹈吗？

旋转

跳跃

转圈

摆臂

向前跑

滑步

踢腿

向前走

伸展

29

词汇表

动量：衡量物体运动的量，与物体的质量、物体运动的速度有关。

发动机：把热能、电能等转化为机械能的机器，能带动其他机械工作。

加速：物体移动的速度变快。

减速：物体移动的速度变慢。

力：物体与物体之间的相互作用（如推力和拉力）。

速度：描述物体移动快慢和方向的物理量。

运动：物体位置不断变化的现象。

重力：物体由于地球的吸引而受到的力。

教师和家长指南

这本书会帮助孩子了解运动（物理学的基础概念之一）的相关知识，并由此开始，认识世界并了解世界运行的方式。

运动是指物体位置不断变化的现象，力可以改变物体运动的速度和方向。

通过本书，孩子可以在超级机器人的带领下看到骑行过程中的各种运动，从而激发他们在生活中继续探索与运动相关的其他知识。

更多信息

以下网站可以帮助你了解更多有关运动等的科学知识，请继续探索吧！

科学传播-中国科学院物理研究所 www.iop.cas.cn/kxcb/

伦敦科学博物馆 www.sciencemuseum.org.uk

大英铁路博物馆 www.railwaymuseum.org.uk

英国皇家空军博物馆 www.rafmuseum.org.uk

索 引